Herausgegeben im Auftrage des Ministerpräsidenten Heinz Kühn
vom Minister für Wissenschaft und Forschung Johannes Rau

Professor Dr.-Ing.
Dr.-Ing. E.h. Dr.h.c. Hermann Schenck
Professor
Dr.-Ing. Klaus W. Lange

Institut für Eisenhüttenkunde
der Rhein.-Westf. Techn. Hochschule Aachen

Untersuchung der Durchlässigkeit und der Löslichkeit von Helium in Weicheisen und legierten Stählen bei Temperaturen über 1200°C

Westdeutscher Verlag Opladen 1973

ISBN 978-3-531-02377-9   ISBN 978-3-322-87828-1 (eBook)
DOI 10.1007/978-3-322-87828-1

Gesamtherstellung: Westdeutscher Verlag

Inhalt   Seite

<u>Einführung</u>

Bei der beabsichtigten Verwendung[1)-6)] von Helium zur Übertragung der
Kernwärme aus heliumgekühlten Kernreaktoren, die als einzige die
Aussicht bieten, so hohe Temperaturen zu erzielen, daß das Reaktor-
kühlmittel als Heizmedium für metallurgische Prozesse gebraucht werden
kann, ist die Verhinderung einer Helium-Leckage durch Diffusion durch
das Wandmaterial eine wichtige wirtschaftliche und sicherheitstechnische
Voraussetzung. Die Untersuchung der Vorgänge bei der Einwirkung von
Heliumgas auf Weicheisen und/oder legierten Stählen bei hohen Temperaturen und hohen Heliumdrucken wird damit von grundsätzlicher Bedeutung.
Als erstes ist die Durchlässigkeit dieser Werkstoffe gegenüber Heliumgas bei diesen physikalischen Bedingungen zu prüfen.

<u>Schrifttumsübersicht</u>

Die Schrifttumsübersicht kann kurz gehalten werden, da neben früheren
zusammenfassenden Arbeiten[7)-9)] ein sehr guter Übersichtsartikel über
inerte Gase in Metallen von R. Blackburn[10)] und einer über Lösungen
inerter Gase in festen Stoffen von V.V. Surenyants[11)] vorliegen.

Heliumgas löst sich nicht in festem oder flüssigem Eisen und anderen
Metallen[12),13)]. Bekannt gewordene Ausnahmen sind die aus
Permeationsmessungen berechnete Löslichkeit von Helium in festem
Silizium und Germanium[14)] und Angaben[15),16)] über die Heliumlöslich-
keit in flüssigem Lithium und Kalium. R. Blackburn[10)] begründet die
Schwierigkeiten bei der Ermittlung genauer Löslichkeitswerte für Edel-
gase in flüssigen Metallen. Die Löslichkeit von Helium in Germanium
und Silizium scheint das Ergebnis der Kleinheit des Heliumgasatoms und
der offenen Struktur der Metallgitter zu sein, die für die größeren Neon-,
Argon- und Stickstoffatome keine Durchlässigkeit zeigten[10),14)].

Inerte Gase können nur durch Sonderverfahren, die sich nicht auf rein
thermische Aktivierung gründen, in das Metallgitter eingebracht werden,
und zwar entweder als Ion unter der Wirkung eines Potentialgradienten
oder über Kernreaktionen[10),11)]. Da die Permeation eines Gases durch
eine kondensierte Phase die Lösung der Gasatome in der kondensierten
Phase voraussetzt, macht die Nichtlöslichkeit des Heliumgases in festem
oder flüssigem Eisen und anderen Metallen seine Permeation durch diese
Metalle unwahrscheinlich[10)] oder ausgeschlossen[8)]. Die bekannt gewordenen Beobachtungen und Schlußfolgerungen der Verfasser werden in <u>Tafel 1</u>
zusammengestellt, die auf[7),10)] zurückgeht. Die Beobachtungen der
Permeation von Helium durch Aluminium[34)] und von Argon durch Nik-
kel[35)] werden von[7)] für fehlerhaft gehalten. Die beobachtete Permeation
von Helium durch elektrolytisch abgeschiedene Nickelfilme[27)] wird von
den Verfassern auf Effusion durch feine Poren zurückgeführt. Die
Permeabilität von Germanium und Silizium für Helium wird wie die Löslichkeit erklärt (vgl. weiter oben)[10),14)]. J.R. Phillips und B.F.
Dodge[26)] beobachteten bei einigen ihrer Versuche eine deutliche Gas-
permeation. Jedoch konnte in diesem permeierten Gas weder Helium noch

5

Argon nachgewiesen werden. Die Verfasser vermuten, daß das
permeierte Gas Wasserstoff war, der sich durch Zersetzung von
Wasserdampf an Nickel bildet. Diese Vermutung deckt sich mit Beobachtungen von C.J. Smithells und C.E. Ransley[18], die in ihren
Permeationsversuchen mit Argon und Helium stets kleine Gasmengen
beobachteten, die das Metall durchdrangen, die aber bei Analyse sich
als Wasserstoff entpuppten. I.S. Lupakov und Yu.S. Kuz'michev[22]
zogen aus ihren Versuchen an nichtrostendem, austenitischem und
perlitischem Stahl den Schluß, daß Helium bei Temperaturen bis zu
800°C und Drucken bis zu 60 atm nicht durch diese Werkstoffe diffun-
diert. Die Ergebnisse, bei denen ein Heliumdurchtritt festgestellt werden konnte, werden auf submikroskopische Materialfehler zurückgeführt, die sich nur bei hohen Temperaturen und Drucken, die den Werk-
stoff auf Zug beanspruchen, offenbaren.

Eigene Untersuchungen

Da in den eigenen Versuchen nicht das Verhalten des als Ion oder über
Kernreaktionen eingebrachten Heliums, sondern die Durchlässigkeit von
Stahl gegen Heliumgas bei "normalen" Bedingungen untersucht werden
sollte, mußten entsprechend den bisherigen Schrifttumsergebnissen die
"günstigsten" Bedingungen für eine etwaige Heliumpermeation geschaf-
fen werden, d.h. möglichst hohe Heliumdruckunterschiede auf beiden
Seiten der möglichst dünnen Stahlprobe, möglichst hohe Probentempera-
turen und Einsatz eines möglichst empfindlichen Helium-Detektors auf
der etwaigen Austrittseite. Die Forderungen nach möglichst hohem
Druckgradienten und hoher Temperatur werden durch die Festigkeit des
Werkstoffes begrenzt und sind gegenläufig. Die Messung eines etwaigen
Druckanstieges genügt nicht, da dieser Druckanstieg auch durch andere
Gase verursacht werden kann.

Versuchstechnik

Versuchsaufbau und Versuchsdurchführung

Um eine möglichst gleichmäßige Temperatur im Meßteil der Stahlprobe
zu gewährleisten, wurden die Permeationsversuche in einem Widerstandsofen begonnen. Dabei ergaben sich Schwierigkeiten, die eine induktive
Probenbeheizung notwendig machten.

Versuche im Widerstandsofen

__Bild 1__ zeigt schematisch die verwendete Versuchsapparatur. Die Probenabmessungen werden im __Bild 2__ angegeben. Durch die gewählte Probenform
sollte sichergestellt werden, daß bei etwaiger Heliumpermeation nur die
Durchlässigkeit der Probenspitze zu berücksichtigen ist, während eine
etwaige Permeation im dickeren und kälteren Probenteil keinen großen
Beitrag liefern würde. Die Probe war vakuumdicht mit dem sie konzen-
trisch umgebenden Quarzrohr verklebt. Am offenen Ende der Probe war
ein kurzes, aufgebohrtes Zwischenstück eingelötet, an das über eine
Schraubenverbindung die Heliumgaszuführung angeschlossen wurde. Beim

Probenwechsel konnte dieses Zwischenstück wieder verwendet werden.
Das Quarzrohr war doppelwandig ausgeführt, um bei Bedarf eine Stick-
stoffspülung zwischen Quarzinnen- und -außenrohr vornehmen zu können.
Es stellte sich rasch heraus, daß diese Spülung nicht nötig war.

An den Enden des Quarzrohres waren zwei Messingflansche mit einem
Zweikomponentenkleber aufgeklebt; sie dienten zum Anschluß der Probe
sowie des Vakuum- und Meßteils der Apparatur.

Die Temperatur wurde mit einem Thermoelement gemessen, das neben
der Heizwicklung des Ofens lag. Das Vakuum an der Probenaußenseite
wurde in der Apparatur über eine Vorpumpe, eine Öldiffusionspumpe,
eine wassergekühlte Dampfsperre und eine mit flüssiger Luft betriebene
Kühlfalle erzeugt. Als Treibmittel wurde in der Diffusionspumpe ein
Spezial-Diffilen-Öl mit sehr niedrigem Dampfdruck benutzt. Bei Raum-
temperatur konnte ein Vakuum von etwa $5 \cdot 10^{-7}$ Torr erreicht werden,
das bei (Induktions-)Beheizung sich auf $(2 \text{ bis } 10) \cdot 10^{-6}$ Torr verschlech-
terte. Der Gesamtdruck wurde mit einem Ionisations-Vakuummeter IM-4
gemessen; für die qualitative und quantitative Bestimmung der sich im
Vakuumteil befindlichen Restgasarten wurde das Omegatron benutzt.

Nach dem Einsetzen der Probe, Dichtheitsprüfung, Einstellen eines bestimmten Heliumdruckes in der Probe und Erreichung eines Druckes unter 10^{-6} Torr in der Apparatur wurde der Ofen im Maß der Probenent-
gasung hochgefahren. Es dauerte mehrere Tage (bis zu 8), bis die Versuchstemperaturen und das für brauchbare Messungen mit dem Omegatron
erforderliche Vakuum von wenigstens 10^{-5} Torr erreicht waren. Bei dem
Erreichen verschiedener Probentemperatur- und Heliumdruckstufen im
Probeninnern wurden Probentemperatur und Heliumdruck für mindestens
2 Tage konstant gehalten und dreimal täglich das Restgas auf der Probenaußenseite mit dem Omegatron analysiert. Wenn nach 48 Stunden kein
Helium nachweisbar war, wurde die Probentemperatur oder der Heliumdruck im Innern der Probe erhöht. Nach den angegebenen Haltezeiten auf
den höchsten Temperatur- und Druckstufen wurde der Versuch abgebrochen
und eine neue Probe eingesetzt.

<u>Versuche mit Induktionsheizung</u>

Durch die Verwendung des Widerstandsofens wurde die Wärme von außen
über das Quarzrohr an die Probe gebracht. Dadurch wurde das Quarzrohr
auf eine Temperatur erhitzt, die etwa $50\,^{\circ}C$ oberhalb der Probentemperatur lag. Damit wurde die empfohlene maximale Arbeitstemperatur von
Quarz von ca. $1050\,^{\circ}C$ bei einer max. Probentemperatur von $1250\,^{\circ}C$ um
mehr als $200\,^{\circ}C$ überschritten. Zu dieser thermischen Beanspruchung kam
noch eine mechanische Belastung durch das Vakuum im Quarzrohr. Diese
Bedingungen führten dazu, daß sich das Quarzrohr während des Versuchs
zusammenzog, wodurch nach der ersten Abkühlung Risse und Lecks ent-
standen. Diese Vorgänge ließen sich auch nicht durch ein Innen-Stützrohr
aus Keramik verhindern, da dann bei Versuchstemperaturen Reaktionen
mit dem Quarzrohr stattfanden.

Da bei einer induktiven Beheizung der Probe die Wärmequelle und damit
die höchste Temperatur in der Probe sitzen und die Temperatur von
innen nach außen abnimmt, wurde die Ofenheizung durch eine induktive
Beheizung ersetzt. Da bei den Versuchstemperaturen die Aufheizung des
Quarzrohres durch Strahlung trotzdem noch groß gewesen wäre, wurde
zwischen Probe und Quarzrohr ein Strahlungsschild aus Rotosilrohr vor-
gesehen. Die Induktionsspule wurde von einem Hochfrequenzröhrengene-
rator gespeist (vgl. auch Bild 3). Der übrige Versuchsaufbau entsprach
Bild 1.

Die induktive Erwärmung gestattete nach dem Probeneinsetzen, Dicht-
heitsprüfungen, Einstellen eines bestimmten Heliumdruckes im Innern
der Probe und Evakuieren der Apparatur ein Ausheizen der Probe bei
Temperaturen (um $1320^{\circ}C$), die über der Versuchstemperatur lagen. Dadurch ließ sich die Entgasungszeit der Probe sehr stark auf etwa 24 Stunden verkürzen. Nach dem Ausheizen wurde die Versuchstemperatur eingestellt und der Heliumdruck im Probeninnern erhöht, wenn außerhalb
der Probe kein Helium nachzuweisen war. Die Probentemperatur wurde
pyrometrisch und nach dem Zudampfen des Beobachtungsfensters über
die Generatorleistung bestimmt.

Durch das Ausheizen der Probe bei höherer Temperatur nahm die Ver-
dampfung von Eisen aus der Probe erheblich zu und führte zu einer
Eisenablagerung am Rotosilrohr von minimal einigen Atomschichten bis
zu einer maximalen Stärke von 1,2 mm. Diese abgelagerte Eisenschicht
nahm einen Teil der elektrischen Leistung aus dem Induktionsfeld auf.
Ab einer gewissen Schichtstärke wurden die Leistungsverluste so groß,
daß ein Aufheizen der Probe auf Versuchstemperatur nicht mehr möglich
war. Zur leichteren Entfernung der abgelagerten Eisenschicht wurde ein
zweites Rotosilrohr über den oberen, schmaleren Teil der Probe ge-
stülpt.

Ergebnisse

Eichung der Probentemperaturbestimmung

Um im Widerstandsofen die wahre Temperatur der Probe an ihrer heißesten Stelle festzustellen, wurde an einer bereits untersuchten Probe eine
Vergleichsmessung mit der vom Ofenthermoelement angezeigten Temperatur vorgenommen, indem ein zweites Thermoelement in die Innenboh-
rung der Probe eingebracht wurde. Bild 4 zeigt den Zusammenhang
zwischen beiden Temperaturen. Die Messung ergab ferner, daß die Zone
der höchsten Temperatur im Ofen sich über eine Länge von 9 Zentimetern
erstreckte und daß in ihr der dünnere Probenteil lag. Ungefähr 6 Zentimeter unterhalb der Probenspitze lag die Probentemperatur bereits etwa 50°
tiefer; sie fiel dann relativ rasch auf 550 bis $600^{\circ}C$ am Probenende.

8

Bei der <u>Induktionsbeheizung</u> mußte eine Eichung der wahren Probentemperatur gegen die mit dem Pyrometer gemessene Temperatur vorgenommen werden, um Absorptionsfehler auszuschalten. Die wahre Probentemperatur wurde beim Eichen mit einem Thermoelement gemessen, dessen Heißlötstelle an den heißesten Ort in der Probe gebracht wurde. <u>Bild 5</u> zeigt die Ergebnisse der Messungen. Eine Störung der Messungen durch das Induktionsfeld wurde nicht festgestellt. Da während der Versuche das Beobachtungsfenster durch verdampfendes Eisen geschwärzt wurde, konnte nach einiger Zeit die Temperatur nicht mehr pyrometrisch bestimmt werden. Deshalb wurde die wahre Temperatur auch noch gegen die Leistungsabgabe des Generators geeicht. Dabei konnte der Strom als Bezugsgröße gewählt werden (Bild 5), da die Spannung ungefähr konstant blieb. Jeweils beim Einsetzen einer neuen Probe wurde das Beobachtungsfenster gesäubert und überprüft, ob die Eichkurve auch für die neue Probe gilt.

Die Bestimmung der Temperaturverteilung längs der Probe <u>(Bild 6)</u> ergab, daß die Temperatur etwas schneller als bei der Ofenheizung abfällt, und daß es genügt, nur den oberen, schmalen Teil der Probe bei Diffusionsbetrachtungen zu berücksichtigen.

Eichung des Omegatrons für Partialdruckmessungen

Das Omegatron ist ein Resonanzspektrometer und arbeitet nach dem Prinzip des Zyklotrons. Die Grundlagen der Partialdruckmessung mit dem Omegatron sind mehrfach beschrieben worden[36)-38)]. Das zu untersuchende Gas wird durch einen Elektronenstrahl ionisiert. Nur die Ionen, die der Resonanzbedingung

$$M \cdot f = const. \tag{1}$$

genügen, erreichen den Ionenfänger der Omegatronröhre und können als Ionenstrom I^+ quantitativ nachgewiesen werden. Die verwendeten Zeichen und ihre Bedeutung werden in <u>Tafel 2</u> zusammengestellt. Die Konstante in Gleichung (1) hatte ungefähr den Wert $6 \cdot 10^6$ Hz. Damit wird die Resonanzfrequenz für Helium rd. 1,5 MHz. Der Ionenstrom wird nach

$$P_i = \frac{I^+}{E \cdot I^-} \tag{2}$$

in den entsprechenden Partialdruck umgerechnet, wenn die Empfindlichkeit E der Omegatronröhre für diese Gasart bekannt ist. (Der Elektronenstrom I^- wird je nach der Güte des Vakuums vorgegeben und ist bekannt: er beträgt 2 uA für einen Gesamtdruck zwischen 10^{-6} und 10^{-5} Torr.) Gleichung (2) gilt nur für Gesamtdrucke unter 10^{-5} Torr[38)].

Die Empfindlichkeit des Omegatrons für Stickstoff wurde für ausgeheizte Meßröhren zu 10 Torr^{-1} bestimmt, indem bei einem Gesamtdruck von ungefähr 10^{-7} Torr über ein Dosierventil Stickstoff bis zu einem Gesamtdruck von 10^{-5} Torr eingelassen wurde. Der mit dem Ionisations-Vakuummeter IM-4 gemessene Gesamtdruck wird dann in erster Näherung nur vom Stickstoff verursacht.

Zur Ermittlung der Empfindlichkeit für Helium wurde die Apparatur
mehrmals evakuiert und bis 760 und 10^{-3} Torr mit Helium geflutet und
anschließend über eine dosierte Heliumzugabe verschiedene Gesamtdrucke eingestellt (vgl. Tafel 3). Unter der Annahme, daß diese Gesamtdrucke nur vom Helium aufgebaut wurden, ergaben sich die in Tafel 3 angegebenen Empfindlichkeiten. Aus diesen Messungen ergibt sich
als Mittelwert der Empfindlichkeit des Omegatrons für Helium
$0,57 \; \text{Torr}^{-1}$.

S. Dümmler[38] bestimmte die Helium-Empfindlichkeit des Omegatrons
zu $0,7 \; \text{Torr}^{-1}$. Dieser Wert wurde jedoch bei anderen Gitter- und Hoch-
frequenzspannungen bestimmt. Außerdem war bei der hier beschriebe-
nen Apparatur die Voraussetzung, daß neben Helium keine Restgase vor-
handen sein sollten, nicht streng erfüllt. Es wurden geringe Mengen an
H_2O, N_2 und O_2 nachgewiesen, die jedoch klein gehalten wurden, weil
durch das Dosierventil stetig Helium einströmte, von der Diffusionspumpe abgesaugt wurde und dadurch die Apparatur ausspülte. Außerdem
ist zu beachten, daß jede Omegatron-Meßröhre eine etwas unterschied-
liche Charakteristik besitzt.

Untersuchung der Eisen- und Stahlproben

Folgende Stähle wurden untersucht:

   Armcoeisen,
   C-Stähle,
   warmfeste Baustähle,
   hochwarmfeste Stähle (und Legierungen).

Ihre kennzeichnenden Daten sind in Tafel 4 zusammengestellt. In Tafel 5
sind die Versuchsdaten zusammengefaßt. Aus ihnen ist zu ersehen, daß
auch für die höchste Versuchstemperatur von $1290^{\circ}C$ (Probe 4), den höchsten Heliuminnendruck in der Probe von 11 atü (Probe 14) und nach der
längsten Haltezeit einer Probe unter Druck von 144 Stunden (Probe 1) auf
der Außenseite der Probe kein Helium nachzuweisen war - mit Ausnahme
der Probe 3 aus C-Stahl und der Proben 17 und 18 aus dem warmfesten
Baustahl der Werkstoffnummer 7715. Bei diesen Werkstoffen waren die
Proben bei einem Innendruck von 5 bzw. 10 atü und 1225 bzw. $1250^{\circ}C$ offen-
sichtlich überfordert und entwickelten Lecks, durch die das Heliumgas
mechanisch "durchströmte". Ein Abdrücken der Proben mit Wasserstoff
unter Wasser ließ keine Risse erkennen, auch ein anderer Nachweis der
Lecks konnte nicht erbracht werden.

Die Unmöglichkeit des Heliumnachweises auf der Außenseite der Proben
1, 2, 4 bis 16 bedeutete nun nicht, daß dort überhaupt kein Restgas vorhan-
den war. Bild 7 zeigt ein Beispiel der vielen Massenspektren, die mit dem
Omegatron aufgenommen wurden: neben den Restgasen mit den Massen 14
bis 28 erscheinen keine Peaks an den Stellen, wo das Heliumgas zu erwarten wäre.

<u>Erörterung der Ergebnisse</u>

<u>Abschätzung einer maximalen Permeationskonstanten</u>

Wie die Untersuchung der Eisen- und Stahlproben ergab, war mit der
Ausnahme von drei Proben kein Helium auf der Probenaußenseite mit
dem verwendeten Partialdruck-Meßgerät Omegatron nachzuweisen. Für
dieses Gerät gibt der Hersteller für den kleinsten nachweisbaren
Partialdruck zwar einen Wert von 10^{-11} Torr an; diese Empfindlichkeit
kann aber nur unter günstigen Voraussetzungen ausgenutzt werden. Diese
Voraussetzungen waren bei diesen Versuchen nicht gegeben. Setzt man in
die Beziehung (2) den niedrigsten meßbaren Ausschlag des Ionenstroms
I^+ von $2 . 10^{-15}$ A und die Empfindlichkeit für Helium ein, erhält man für
die bei Versuchstemperaturen vorliegenden Gesamtdrucke zwischen
$(2 \text{ bis } 20) . 10^{-6}$ Torr den niedrigsten praktisch meßbaren Heliumpartialdruck:

$$P_{He,\,min} = \frac{2 . 10^{-15}}{2 . 10^{-6} . 0,57} = 1,75 . 10^{-9} \text{ Torr.}$$

Wenn kein Helium auf der Probenaußenseite nachzuweisen war, muß dem-
nach der Heliumpartialdruck in der Versuchsapparatur mindestens kleiner
als 10^{-9} Torr gewesen sein.

Nimmt man nun an, daß eine geringe Heliumdiffusion durch die Probe
stattgefunden hat, muß sich bei der vorliegenden Versuchsanordnung ein
Gleichgewicht zwischen dem Diffusionsheliumstrom und dem von der
Vakuumpumpe abgesaugten Heliumstrom derart eingestellt haben, daß der
Heliumpartialdruck 10^{-9} Torr nicht übersteigt. Es wird an dieser Stelle
ausdrücklich darauf hingewiesen, daß diese Annahme einer Heliumdiffusion rein hypothetisch ist. Sie ist nicht bewiesen.

Den hypothetischen, von der Vakuumpumpe abgesaugten Heliumstrom erhält man durch Kombination der Beziehung (3) für die Saugleistung Q der
Pumpe:

$$Q = P . S_{eff} = P . \frac{V}{t} \tag{3}$$

mit der allgemeinen Gasgleichung für ein Mol des abgesaugten Gases

$$P . \overline{V} = 1 . RT \tag{4}$$

zu

$$\frac{V}{t} = \frac{Q . \overline{V}}{RT} = \frac{P . S_{eff} . \overline{V}}{RT} \tag{5}$$

Das effektive Saugvermögen wurde zu 1 ltr/s ermittelt.
Für $P_{He,\,min} = 10^{-9}$ ergibt sich

$$\frac{V}{t} = \frac{1 . 22,41 . 10^3}{10^9 . 62,36 . 293} = 1,2 . 10^{-9} \text{ cm3/s} \tag{6}$$

Da kein Helium innerhalb der Omegatron-Nachweisgrenze festgestellt
wurde, muß der hypothetische Heliumstrom durch die Proben kleiner
als 10^{-9} cm^3 Helium pro Sekunde gewesen sein. Für den stationären
Fall wird ein Permeationsstrom durch

$$J = k \cdot \frac{F}{d} \cdot \Delta P \tag{7}$$

beschrieben[39]. Bei bekannter Probengeometrie und bekannter Druckdifferenz kann aus den Beziehungen (6) und (7) die maximale Permeations-
konstante abgeschätzt werden. Die Probenwand ist 5 mm dick (vgl. Bild 2).
Die Fläche, über die der Permeationsstrom geht, setzt sich aus der
Kreisfläche an der Probenspitze und der Zylindermantelfläche zusammen.
Bei dieser Mantelfläche wird nur die Mantellänge berücksichtigt, längs der
die Probentemperatur um etwa 100 Grad abfällt; dies sind nach Bild 6 ungefähr die obersten 5 Zentimeter. Damit wird

$$F = \pi \cdot 1^2 + 2\pi \cdot 1 \cdot 5 = 34,56 \text{ cm}^2 \tag{8}$$

Mit einer Druckdifferenz von 11 atm (vgl. Tafel 5) erhält man aus den
Gleichungen (6) bis (8)

$$k = \frac{1,2}{10^9 \cdot 2 \cdot 34,56 \cdot 8360} = 1,2 \cdot 10^{-15} \frac{(\text{cm}^3 \text{ Helium}) \cdot \text{cm}}{\text{cm}^2 \cdot \text{s} \cdot \text{Torr}} \tag{9}$$

Aus der Untersuchung der Eisen- und Stahlproben ergibt sich also, daß
- außer bei den Proben 3, 17 und 18 - keine Heliumpermeabilität festgestellt werden konnte, die über 10^{-15} (cm^3 Helium) . (cm . s . Torr)$^{-1}$ lag.
Dieser Befund deckt sich mit den Angaben in Tafel 1, wonach die Edelgas-
permeation in Metallen auf jeden Fall unter 10^{-14} cm^3 (cm . s . Torr)$^{-1}$
liegt.

Abschätzung eines maximalen Diffusionskoeffizienten

Aus der Lösung des 2. Fick'schen Gesetzes für die eindimensionale Diffusion durch eine Membran, die von zwei parallelen Ebenen im Abstand d
begrenzt wird, erhält man im nichtstationären Fall für eine gleichmäßige
Anfangsverteilung in der Membran von Null und für eine auf Null gehaltene
Grenzflächenkonzentration auf der einen Membranseite, während die andere
von Null verschieden ist, für die gesamte Menge M_t der Substanz, die durch
die Membran bis zur Zeit t hindurchgetreten ist, eine Lösung[39], die für
sehr lange Zeiten sich zu

$$M_t = \frac{Dc}{d}\left(t - \frac{d^2}{6D}\right) \tag{10}$$

vereinfacht. Diese Kurve schneidet die Zeitachse bei[39,40]

$$t = \frac{d^2}{6D} \tag{11}$$

Im Anschluß an H. Daynes[41] benutzten R.M. Barrer[42],[43] und zahl-
reiche Nachfolger[44]-[53] diese Gleichung zur Ermittlung der Diffusionskoeffizienten von (löslichen) Gasen.

Der stationäre Zustand ist erreicht, wenn[39]

$$Dt/d^2 \approx 0,5 \tag{12}$$

Nimmt man nun an, daß auch nach der längsten Versuchszeit von 144 Stunden noch kein stationärer Heliumstrom durch die Proben erreicht worden
wäre, dann wäre der Diffusionskoeffizient kleiner als der für diese Versuchszeit nach (11) berechnete:

$$D = \frac{d^2}{6 \cdot t} = \frac{1}{4 \cdot 6 \cdot 144 \cdot 3600} = 8 \cdot 10^{-8} \text{ cm}^2/\text{s} \tag{13}$$

Diese Abschätzung für einen Diffusionskoeffizienten des Heliums in Eisen
ist wieder völlig hypothetisch, da erstens bei der Mehrzahl der Proben im
Rahmen der Nachweisempfindlichkeit keine Anzeichen für eine Heliumpermeation erbracht werden konnten, und zweitens der stationäre Zustand
einer denkbaren Heliumpermeation zu einem früheren Zeitpunkt hätte erreicht werden können, wenn der sich dabei einstellende Heliumpartialdruck unter der Nachweisempfindlichkeit des Omegatrons geblieben wäre.

<u>Größe des Heliumstromes aus der Außenluft in die Versuchsapparatur</u>

<u>Durchlässigkeit von hoch-SiO_2-haltigen Gläsern für Helium</u>

Feste SiO_2-haltige Gläser und Quarzgläser sind für Helium durch-
lässig[46],[51],[54]-[59]. Da die Permeation Löslichkeit und Diffusion voraussetzt, gibt es dementsprechende Angaben über die Löslichkeit von
Helium in SiO_2-haltigen Gläsern und Quarzgläsern[46],[47],[51],[55]-[57],
[59]-[63], sowie über seinen Diffusionskoeffizienten[46],[47],[51],[55]-[57],
[59],[61],[63]-[65].

Die Zusammensetzung ist einer der wichtigsten Faktoren, die die Größe
der Heliumpermeation steuern. Sie ist am höchsten bei Quarzglas[54].
Mit abnehmendem SiO_2-Gehalt verkleinert sich die Permeationskon-
stante[54]. Bei kristallinem Quarz ist die Permeation außerordentlich
klein[8],[62], Quarzeinkristalle sind undurchlässig für Helium[17]. Diese
Erscheinungen werden durch die offene Struktur der Quarzgläser erklärt,
die durch Kristallisation geschlossen oder durch andere Komponenten aus-
gefüllt werden.

Es empfiehlt sich daher, für die Berechnung der Heliumdurchlässigkeit
von SiO_2-haltigen Gläsern der Zusammensetzung entsprechende
Permeationskonstanten zu benutzen.

In $\underline{\text{Bild 8}}$ sind für Quarzgläser die Ergebnisse aus verschiedenen
Quellen zusammengefaßt. Vergleichende Darstellungen der Ergebnisse
vor 1950 finden sich in[51],[56]. Die wichtigsten Versuchsbedingungen
sind in $\underline{\text{Tafel 6}}$ zusammengestellt. In der jüngsten Arbeit[59] wurden verschiedene Quarzgläser untersucht, die nach verschiedenen Produktions-
verfahren hergestellt wurden. Die Herstellungsart, die OH-Konzentration
und der Gehalt an metallischen Verunreinigungen haben praktisch keinen
Einfluß auf die Heliumwanderung in diesen Quarzgläsern. Der einzige
merkliche Einfluß zeigt sich in der Aktivierungsenergie der Diffusion, die
leicht mit steigender Hydroxylkonzentration steigt. Die Unabhängigkeit von
der Herstellungsart weist darauf hin, daß die Struktur der Quarzgläser
einem regellos verteilten Haufwerk entspricht. Die Proben Optosil und
CGW-7940 entsprechen etwa den gefundenen minimalen und maximalen
Permeationswerten. Sie wurden daher in Bild 8 aufgenommen.

Die Versuchsergebnisse werden im allgemeinen durch eine Arrhenius-
gerade wiedergegeben. Es ergeben sich aber Hinweise, daß dann
Krümmungen beobachtet werden, die verschwinden, sobald der Faktor T
in den vorexponentiellen Faktor eingeschlossen wird[55],[58],[59]. Die
gleiche Beobachtung wird bei der Temperaturabhängigkeit der Heliumdiffusion gemacht[65]. Diese Art der Beschreibung der Temperaturabhängigkeit entspricht der Temperaturabhängigkeit der Diffusion in reinen
Metallschmelzen[66].

Wegen der Beziehung

$$k = L \cdot D \qquad (14)$$

kann man bei Kenntnis zweier Größen die dritte berechnen. Diese
Methode wurde in verschiedenen Arbeiten auch in unterschiedlichen
Kombinationen benutzt (vgl. $\underline{\text{Tafel 7}}$). Zusätzliche Informationen über die
Heliumdurchlässigkeit kann man nach dieser Tafel nur aus den Arbei-
ten[47],[61] über die Beziehung (14) für Duran gewinnen.

Duran enthält nur 76,1 % SiO_2 und 16 % B_2O_3[47]; es kann daher höchstens
mit Pyrex mit 81 % SiO_2 und 13 % B_2O_3[54] verglichen werden, da mit
abnehmendem Gehalt an Glasbildnern (wie z.B. SiO_2 und B_2O_3) die
Permeation kleiner wird[54]. Dieser Vergleich geschieht in $\underline{\text{Bild 9}}$ (siehe dazu auch Tafel 6), woraus hervorgeht, daß die Heliumdurchlässigkeiten von
Pyrex- und Duranglas als gleich betrachtet werden können. W.A. Rogers
und Mitarbeiter[46] vergleichen ihre Messungen mit Ergebnissen vor 1950.

Aus den Bildern 8 und 9 erhält man etwa die Werte in $\underline{\text{Tafel 8}}$ für die
Permeabilitätskonstanten bei verschiedenen Temperaturen. Die Unterschie-
de im Verhalten von Quarzglas und Pyrex bzw. Duran in bezug auf die
Heliumdurchlässigkeit verschwinden mit steigender Temperatur.

<u>Ermittlung des im Apparaturinnern maximal auftretenden Heliumpartial-druckes</u>

Helium kommt mit $5{,}24 \cdot 10^{-4}$ Vol.-%, entsprechend einem Partialdruck von $4 \cdot 10^{-3}$ Torr, in der Atmosphäre vor[67]. Es ist denkbar, daß durch die Glasteile der Apparatur (vgl. Bilder 1 und 3) eindiffundierendes Helium im Omegatron nachzuweisen wäre. Da die Temperatur des Quarzrohres 2 (Bild 3) höher als die Duranglasteile der Restapparatur liegt, wurde es doppelwandig ausgeführt. Eine Spülung mit Stickstoff im Hohlraum zwischen den doppelten Wänden sollte eindiffundierendes Helium ausspülen. Berechnungen des sich durch Heliumpermeation durch die Glasteile einstellenden Partialdruckes zeigten, daß er unter der Nachweisgrenze des Omegatrons für Helium bleibt. Dieses Ergebnis der Rechnungen wurde durch Blindversuche bestätigt.

Bei diesen Rechnungen wurde zuerst mit Gleichung (7), einer Permeationskonstanten für Quarz bei 100°C und einer für Duran bei 25°C, den geometrischen Abmessungen der Glasteile und einem Heliumdruckunterschied von $4 \cdot 10^{-3}$ Torr der Permeationsstrom des Heliums von der Außenatmosphäre in die Apparatur zu rd. $6 \cdot 10^{-11}$ cm^3 He/sec ermittelt.

Mit diesem Wert für den Heliumpermeationsstrom wurde Gleichung (5) nach P aufgelöst und daraus für eine mittlere Gastemperatur von 100°C der Heliumpartialdruck zu rd. $6 \cdot 10^{-11}$ Torr berechnet, der sich im Gleichgewicht zwischen dem Heliumpermeationsstrom und dem von der Vakuumpumpe abgesaugten Heliumstrom in der Apparatur einstellt.

+   +   +

Wir danken dem Landesamt für Forschung des Landes Nordrhein-Westfalen für die zur Verfügung gestellten Mittel.
Für die Überlassung der zum Teil sehr wertvollen Probenmaterialien durch die August-Thyssen-Hütte AG, die Deutsche Edelstahl-Werke AG und die Mannesmannwerke AG sagen wir auch an dieser Stelle Dank.
Den Herren Diplomingenieuren H. Lindscheid, R. Müller und E. Offermann danken wir für die Durchführung der Messungen.

<u>Zusammenfassung</u>

Die Durchlässigkeit von Stahl gegenüber Heliumgas bei hohen Temperaturen und Drucken muß bekannt sein, wenn dieses Gas zur Übertragung der Kernwärme aus heliumgekühlten Kernreaktoren verwendet werden soll. Nach den bekannt gewordenen Schrifttumsergebnissen löst sich Heliumgas weder in festem oder flüssigem Eisen, noch in anderen Metallen. Inerte Gase können nur durch Sonderverfahren in Metalle eingebracht werden, die sich nicht auf eine thermische Aktivierung gründen. Daher ist eine Heliumpermeation in metallischen Werkstoffen nicht zu erwarten. Wenn eine Heliumpermeation beobachtet wird, liegen mit hoher Wahrscheinlichkeit Werkstoff-Fehler vor.

In eigenen Permeationsversuchen an 18 einseitig mit Heliumgas im
Innern beaufschlagten hohlen zylinderförmigen Proben aus Armcoeisen
Kohlenstoffstählen, warmfesten Baustählen, hochwarmfesten Stählen
und Legierungen wird für die höchste Versuchstemperatur von $1290\,^{o}$C,
den höchsten Heliuminnendruck in der Probe von 11 atü und nach der
längsten Haltezeit einer Probe unter Druck von 144 Stunden auf der Probenaußenseite <u>kein</u> Helium nachgewiesen; mit der Ausnahme von drei
Stahlgüten, die Lecks entwickelten, durch die das Heliumgas mechanisch
"durchströmte". Für den Nachweis eventuell durchdiffundierten Heliums
stand ein Resonanzspektrometer (Omegatron) zur Verfügung, mit dem
ein kleinster Heliumpartialdruck von rd. 10^{-9} Torr hätte nachgewiesen
werden können.

Unter der Annahme, daß ein eventueller Heliumdiffusionsstrom durch die
Proben bei laufender Vakuumpumpe zu einem Heliumpartialdruck unter
10^{-9} Torr geführt hätte, wird eine hypothetische maximale Permeations-
konstante zu $2 \cdot 10^{-15}$ cm^3 He $(cm \cdot s \cdot Torr)^{-1}$ ermittelt.

Der Heliumstrom aus der Außenluft in die Versuchsapparatur wird be-
rechnet und daraus der sich dann im Apparaturinnern bei laufender
Vakuumpumpe maximal aufbauende Heliumpartialdruck zu rd. $6 \cdot 10^{-11}$
Torr ermittelt.

<u>Schrifttumsverzeichnis</u>

1. Schenck, H.: VDI-Zeitschrift 109 (1967), S. 381/89

2. Wenzel, W.: Klepzig Fachber. 77 (1967), S. 105/09

3. Wenzel, W.: Klepzig Fachber. 77 (1967), S. 613/17

4. Wenzel, W.: Techn. Mitt., Haus der Technik, Essen 61 (1969),
   S. 551/60

5. Wenzel, W., E. Wingen u. F.R. Franke: VDI-Zeitschrift 111 (1969),
   S. 1473/78

6. Block, F.R.: Chem.-Ing. Techn. 42 (1970), S. 429/33

7. Le Claire, A.D. u. A.H. Rowe: Rev. Mét. 52 (1955), S. 94/104
   vgl. auch Le Claire, A.D. u. A.H. Rowe: The diffusion of argon in
   silver. With an appendix on: The diffusion of rare gases in uranium.
   At. Energy Res. Estab. (Great Britain) Bericht M/R 1417 (1957)

8. Norton, F.J.: J. Appl. Phys. 28 (1957), S. 34/39

9. Ells, C.E.: Trans. Canad. Inst. Min. Metallurg. 63 (1960), S. 609/17

10. Blackburn, R.: Metallurg. Reviews 11 (1966), S. 159/76

11. Surenyants, V.V.: Russ. J. Phys. Chem. 45 (1971), S. 1693/1700

12. Ramsay, W. u. M.W. Travers: Proc. Roy. Soc. (London) 61 (1897),
    S. 267

13. Sieverts, A. u. E. Bergner: Ber. Dt. Chem. Ges. 45 (1912),
    S. 2576/83

14. Van Wieringen, A. u. N. Warmoltz: Physica 22 (1956), S. 849/65

15. Cleary, R.E. u. S.M. Kapelner: Alkali metal physical properties
    program at Pratt and Whitney Aircraft-Canel. US AEC BNL-756
    (1963), S. 19/36

16. Slotnik, H., S.M. Kapelner u. R.E. Cleary: The solubility of helium
    in lithium and potassium.. NASA Acc. No. N 65-17093, Rept. No.
    PWAC-380 (1965)

17. Urry, W.D.: J. Amer. Chem. Soc. 55 (1933), S. 3242/49

18. Smithells, C.J. u. C.E. Ransley: Proc. Roy. Soc. (London) A 150
    (1935), S. 172/97

19. Lumpe, W. u. R. Seeliger: Z. Physik 121 (1943), S. 546/59

20. Wischhusen, E.: US AEC Ornl-ANP-72 (1951); zitiert nach[10]

21. Webster, C., R.G. Shepheard u. B. Lund: US AEC GA-1099 (1959),
    S. 175; zitiert nach[10]

22. Lupakov, I.S. u. Yu. S. Kuz'michev: J. Nuclear Energy A/B 19
    (1965), S. 484/89

23. Ryder, H.M.: Electric J. (House J. of Westinghouse Eng. Co.) 17
    (1920) (4) S. 161/65

24. Castleman, A.W., F.E. Hoffmann u. A.M. Eshaya: US AEC BNL-624
    (1960), 9 Seiten

25. Gordon, P., J.E. Atherton u. A.R. Kaufmann: US AEC AECD-3313
    (1952), zitiert nach[10]

26. Phillips, J.R. u. B.F. Dodge: AICHE J. 10 (1964), S. 968/73

27. Ewing, D.T. u. J.M. Tobin: J. Electrochem. Soc. 103 (1956), S. 545/
    48

28. Paneth, F. u. K. Peters: Z. Phys. Chem. B 1 (1928), S. 253/69

29. Jaquerod, A. u. F.L. Perrot: Arch. Sci. Phys. Nat., Genève, 20
    (1905), S. 454/55

30. Dorn, E.: Physikal. Z. 7 (1906), S. 312

31. Henning, F.: Temperaturmessung.in: Handbuch der Physik, Bd. 9,
    1926. Berlin. S. 535

32. Conn, P.K. u. H.C. Brassfield: US AEC G EMP-42 A (1964); zitiert
    nach[10]

33. Conn, P.K.; H.C. Brassfield, J.D. Elkins u. R.E. Blevins: Proc.
    Am. Nucl. Soc. Meeting, San Francisco, 1964. CONF-654-73 (1964);
    zitiert nach[10]

34. Russell, A.S.: Metal Progress 55 (1949), S. 827/31

35. Lombard, V.: J. Chim. Phys. 25 (1928), S. 587/604

36. Sommer, H.; H.A. Thomas u. J.A. Hipple: Phys. Rev. 82 (1951),
    S. 697/702

37. Alpert, D. u. R.S. Buritz: J. Appl. Phys. 25 (1954), S. 202/9

38. Dümmler, S.: Vakuum-Techn. 10 (1961), S. 131/38 u. 184/90

39. Crank, J.: The mathematics of diffusion. Oxford: Clarendon Press,
    1967

40. Lange, K.W. u. H. Schenck:
    The absorption of unary gases by condensed phases. Chapter 4A in
    Vol. IV: Physicochemical Measurements in Metals Research, Part 1
    (Editor: R.A. Rapp) der Reihe: Techniques of Metals Research
    (Editor: R.F. Bunshah). Interscience Publishers, a division of John
    Wiley & Sons, Inc., New York, usw. 1970, S. 267/319

41. Daynes, H.A.: Proc. Roy. Soc. (London) 97A (1920), S. 286/307

42. Barrer, R.M.: Trans. Faraday Soc. 35 (1939), S. 628/43

43. Barrer, R.M.: Trans. Faraday Soc. 36 (1940), S. 1235/48

44. Ransley, C.E. u. H. Neufeld: J. Inst. Metals 74 (1948), S. 599/620

45. Chang, P.L. u. W.D.G. Benett: J. Iron Steel Inst. 170 (1952), S.
    205/13

46. Rogers, W.A.; R.S. Buritz u. D. Alpert: J. Appl. Phys. 25 (1954),
    S. 868/75

47. Eschbach, H.L.: Adv. Vacuum Sci. Technology, Proc. Int. Congr.
    Vacuum Techn., 1st, Namur 1958 (Publ. 1960), S. 373/77

48. Frank, R.C. u. J.E. Thomas, Jr.: J. Phys. Chem. Solids 16 (1960),
    S. 144/51

49. Klumb, H. u. H.A.W. Schröter: Vakuum-Technik 10 (1961), S. 175/81

50. Belyakov, Y.I. u. N.I. Jonov: Zhur. Tekh. Fiz. 31 (1961), S. 204/10;
    vgl. auch Soviet Physics - Techn. Physics 6 (1961), S. 146

51. Swets, D.E., R.W. Lee u. R.C. Frank: J. Chem. Phys. 34 (1961),
    S. 17/22

52. Bryan, W.L. u. B.F. Dodge: AICHE J. 9 (1963), S. 223/28

53. Jones, P.M.S., R. Gibson u. J.A. Evans: U.K. Atomic Energy
    Authority, At. Weapons Res. Establ. Rept. AWRE 0-16-66, 1966, 13 S.

54. Norton, F.J.:
    a) J. Amer. Ceram. Soc. 36 (1953), S. 90/96; vgl. auch:
    b) = Lit. stelle 8
    c) Norton, F.J.: Trans. 8th Natl. Symp. Amer. Vacuum Soc. (1962),
       S. 8/16

55. Jones, W.M.: J. Amer. Chem. Soc. 75 (1953), S. 3093/96

56. Leiby, C.C. u. C.L. Chen: J. Appl. Phys. 31 (1960), S. 268/74

57. Laska, H.M., R.H. Doremus u. P.J. Jorgensen: J. Chem. Phys. 50 (1969), S. 135/37

58. Beauchamps, E.K. u. L.C. Walters: Glass Technology 11 (1970), S. 139/43

59. Shelby, J.E.: J. Amer. Ceram. Soc. 55 (1972), S. 61/64

60. Naughton, J.J.: J. Appl. Phys. 24 (1953), S. 499/50

61. Eschbach, H.L.: Glas-Instr.-Techn. 5 (1961), S. 181/4 u. S. 257/62

62. Barrer, R.M. u. D.E.W. Vaughan: Trans. Faraday Soc. 63 (1967), S. 2275/90

63. Funk, H., H. Baur, U. Frick, L. Schultz u. P. Signer: Z. Kristallographie 133 (1971), S. 225/33

64. Srivastava, K.P. u. G.J. Roberts: Phys. Chem. Glasses 11 (1970), S. 21/24

65. Shelby, J.E.: J. Amer. Ceram. Soc. 54 (1971), S. 125/126

66. Ilschner, B.: Z. Metallkde 57 (1966), S. 194/200

67. Gesamtkatalog HV 150 über Vakuum-Bauelements der Fa. Leybold-Heraeus, Teil H-B, 1970, S. 70

Tafel 1: Zusammenstellung der im Schrifttum
veröffentlichten Ergebnisse

Metall	Edel-gas	Temperatur °C	Beobachter	Schlußfolgerungen
Fe	He	max. 900	Ramsay-Travers[12]	undurchlässig
Fe	He	700	Urry[17]	undurchlässig
Fe	He		Smithells-Ransley[18]	undurchlässig (im Rahmen der Nachweisgrenze)
Fe	A		" "	" "
Fe	Ne	850	Lumpe-Seeliger[19]	undurchlässig
Nicht-rost. Stahl	He	ca. 750	Wischhusen[20]	undurchlässig
Chrom-eisen	He	550 - 830	Webster et al.[21]	undurchlässig
Nicht-rost. Stahl	He	800	Lupakov-Kuz'michev[22]	undurchlässig
Perli-tischer Stahl	He	800	" "	undurchlässig
Stahl	A	1100	Ryder[23]	undurchlässig
Nicht-rost. Stahl	Xe	610	Castleman et al.[24]	undurchlässig
Al	He	500	Gordon et al.[25]	$<1,3 \cdot 10^{-12}$ cm^3/s · cm^2/mm Wand/cm Hg
Bi	He	700	Urry[17]	undurchlässig
Cu	He		Smithells-Ransley[18]	undurchlässig (im Rahmen der Nachweisgrenze)
Ge	He	795 - 872	Van Wieringen-Warmoltz[14]	durchlässig
Inconel	He	ca. 750	Wischhusen[20]	undurchlässig
Ni	He		Smithells-Ransley[18]	undurchlässig (im Rahmen der Nachweisgrenze)
Ni	He	ca. 800	Phillips-Dodge[26]	undurchlässig
Ni-Folie, gewalzt	He	25	Ewing-Tobin[27]	undurchlässig

Tafel 1 (Fortsetzung): Zusammenstellung der im Schrifttum
veröffentlichten Ergebnisse

Metall	Edel-gas	Temperatur °C	Beobachter	Schlußfolgerungen
Ni-Le-gierung	He	800	Lupakov-Kuz'michev[22]	undurchlässig
Mo	He		Smithells-Ransley[18]	undurchlässig (im Rahmen der Nachweisgrenze)
Pd	He	max. 900	Ramsay-Travers[12]	undurchlässig
Pd	He		Paneth-Peters[28]	undurchlässig
Pt	He	max. 900	Ramsay-Travers[12]	undurchlässig
Pt	He	1000	Jaquerod-Perrot[29]	undurchlässig
Pt-Ir-Le-gierung	He	1420	Dorn[30]	kaum merklich durchlässig
Platin-metalle	He	1600	Henning[31]	undurchlässig
Si	He	967 -1207	Van Wieringen-Warmoltz[14]	durchlässig
Cu	A		Smithells-Ransley[18]	undurchlässig (im Rahmen der Nachweisgrenze)
Ge	A	ca. 900	Van Wieringen-Warmoltz[14]	undurchlässig
Mo	A		Smithells-Ransley[18]	undurchlässig (im Rahmen der Nachweisgrenze)
Ni	A		" "	" "
Ni	A	782 - 907	Phillips-Dodge[26]	undurchlässig
Si	A	ca. 1200	Van Wieringen-Warmoltz[14]	undurchlässig
Ta	Kr	2400	Conn et al.[32,33]	$<1{,}1 \cdot 10^{-12}$ cm^3/s . cm^2/mm Wand/cm Hg
Ge	Ne	ca. 900	Van Wieringen-Warmoltz[14]	undurchlässig
Si	Ne	ca. 1200	" "	undurchlässig
Al	Xe	295 - 473	Castleman et al.[24]	undurchlässig

Tafel 2:   Verwendete Zeichen und ihre Bedeutung

c	Konzentration
d	Dicke
D	Diffusionskoeffizient
E	Empfindlichkeit der Omegatronröhre
f	Resonanzfrequenz
F	Fläche
I^+	Ionenstrom
I^-	Elektronenstrom
J	Gasstrom durch Probe oder durch Glasteile in cm^3/s
k	Permeationskonstante in $(cm^3\,Gas) \cdot cm\,(cm^2 \cdot s \cdot Torr)^{-1}$
L	Löslichkeit
M	Molekulmasse
M_t	Substanzmenge, die bis zur Zeit t durch eine Membran getreten
P	Gesamtdruck
P_i	Partialdruck des Gases i
Q	Saugleistung in $Torr \cdot ltr \cdot s^{-1}$
R	Gaskonstante = 62,36 $Torr \cdot ltr \cdot (grd \cdot Mol)^{-1}$
S_{eff}	effektives Saugvermögen in $ltr \cdot s^{-1}$
t	Zeit
V	Volumen
$\bar{V}$	Molvolumen = 22,41 ltr/mol bei $0^{\circ}C$ und 760 Torr
ΔP	Druckunterschied

Tafel 3: Bestimmungen der Empfindlichkeit des Omegatrons für Helium

$P_{He} \approx P_{Gesamt}$ in 10^{-6} Torr	3,2	3,0	3,6	2,7	2,6	2,5	2,4
E_{He} in Torr^{-1}	0,53	0,47	0,58	0,54	0,73	0,60	0,54

Tafel 4:   Untersuchte Stähle und Legierungen

Proben-Nr.	Kurzname	Werkstoff-Nr.	Analysen-art	Stahlgüte
1	Armco-Eisen		Schmelz	
2	C 15		"	C-Stahl
3	USt 42-1		"	"
4	RSt 42-2		"	"
5	St 50-1		"	"
6	C 35		"	"
7	C 45		"	"
8	NiCr20Ti	4630	Richt	hochwarm-fest
9	X10CrAl24	4762	"	"
10	X15CrNiSi2520	4841	"	"
11	X20CrMoV121	4922	"	"
12	X8CrNiNb1613	4961	"	"
13	CoCr20W15Ni	4967	Schmelz	"
14	X12CrCoNi2120	4971	"	"
15	15 Mo 3	5415	Richt	warmfe-ster Bau-stahl
16	10 CrMo 910	7380	"	"
17, 18	14 MoV 63	7715	"	"

Tafel 4 (Fortsetzung): Untersuchte Stähle und Legierungen

Proben-Nr.	Chemische Zusammensetzung in %										
	C	Si	Mn	P	S	N	Al	Cr	Ni	Mo	Sonst.
1	0,02		0,03	0,015	0,008	0,005					
2	0,14	0,26	0,41	0,020	0,03		0,013				
3	0,18		0,53	0,053	0,017	0,010					
4	0,24	0,26	0,69	0,021	0,026		0,024				
5	0,26	0,27	0,78	0,017	0,017		0,006				
6	0,37	0,25	0,52	0,025	0,018		0,005				
7	0,44	0,24	0,59	0,017	0,015		0,008				
8	0,12							20,0	Rest		Ti: 0,4 Fe: <5
9	0,08	1,40	0,70				1,45	24,0			
10	0,12	2,00	0,70					25,0	20,0		
11	0,22							11,5	0,4	1,0	V: 0,3
12	0,06							16,5	13,0		Nb/Ta: >10.C
13	0,10	0,23	1,03	<0,005	0,019			19,7	10,5		Co: 52,9 W: 14,59 Fe: 0,68
14	0,12	0,41	1,37	0,019	0,006	0,15		21,51	20,29	3,18	Co: 19,58 W: 2,76 Nb: 0,95
15	0,15	0,25	0,6							0,3	
16	0,10	0,30	0,5					2,3	1,0		
17,18	0,14	0,25	0,4					0,4		0,6	V: 0,3

Tafel 5: Versuchsergebnisse

Probe[1]	Proben-temp. in °C	Heliumdruck im Proben-innern in atü	Haltezeit der Probe unter Druck in h	Helium-Ionenstrom nach der Haltezeit in 10^{-10} mA
1	1160	1	10,20,28,34,44,48[2]	-
		2	58,68,76,82,92,96[2]	-
		5	106,116,124,130,140,144[3]	-
	1225	1	10,20,28,34,44,48[2]	-
		2	58,68,76,82,92,96[2]	-
		3	106,116,124,130,140,144[4]	-
2	1225	2	10,20,28,34,44,48[2]	-
		5	58,68,76,82,92,96[4]	-
3	1225	2	50,55[2]	-
		5	80,103	-
		5	122[4]	4
4	1290	2	5[2]	-
		5'	25,30,48,53,55,68[4]	-
5	1250	5	19,24,30,43[2]	-
		10	50,55,68[4]	-
6	1250	5	5,11,25,35,46[2]	-
		10	51,54,70[4]	-
7	1250	5	21,29,32,38,56,65,80[2]	-
		10	88,104,110[4]	-
8	1250	5	46,64[2]	-
		10	64,72[4]	-
9	1250	5	4[2]	-
		9	4[3]	-
		5	45[2]	-
		10,8	80[4]	-
10	1250	5	17,48[2]	-
		10	66,70[4]	-
11	1250	5	62[2]	-
		10	70,70[4]	-
12	1250	5	58[2]	-
		10	59,77[4]	-
13	1250	5	24[5]	-

Tafel 5 (Fortsetzung):   Versuchsergebnisse

Probe[1]	Proben-temp. in °C	Heliumdruck im Proben-innern in atü	Haltezeit der Probe unter Druck in h	Helium-Ionenstrom nach der Haltezeit in 10^{-10} mA
14	1250	5	2,53[2]	-
		11	71[4]	-
15	1250	5	25,50[2]	-
		10	55,70[4]	-
16	1250	5	70,70,70[2]	-
		10	100[4]	-
17	1250	5	68[2]	-
		10	69	-
		10	76	20
		10	77[3]	20
		0	77,5	20
18	1250	5	18,48[2]	-
		10	66	-
		10	66	2
		10	66	10
		10	70	40

1) Schlüssel: vgl. Tafel 4
2) Erhöhung des Heliumdrucks im Probeninnern
3) Erniedrigung des Heliumdrucks im Probeninnern
4) Versuchsabbruch
5) Omegatron-Meßröhre defekt

Tafel 6: Wichtigste Versuchsbedingungen für die Messungen der Heliumdurchlässigkeit von SiO_2-haltigen Gläsern

Jahr	Literaturstelle	Temperatur in °C	Material	Probenform	Methode	He-Messung	Kurve	Bild
1972	59	102- 759	Optosil CGW-7940	Scheibe	Druckunterschied	Massenspektrometer	1	8
							2	8
1970	58	27- 999	fused silica	Hohlzylinder	"	"	3	8
1961	51	20-1034	fused quartz	"	"	"	4	8
1960	56	26- 450	Vycor glass	"	"	Druckmessung und Glimmentladung	5	8
1953	55	0- 525	vitreous silica	Hohlkugel	"	Druckmessung und Massenspektrometer	6	8
1953	54	-78- 600	clear fused silica	"	"	"	7	8
1969	57	um 200	Pyrex	Hohlkugel	Druckunterschied	Massenspektrometer	8	9
1961/ 1960	47;61	22- 370	Duran	Hohlzylinder	"	Druckmessung	9	9
1954	46	27- 220	Pyrex	"	"	"	10	9
1953	54	-78- 265	Pyrex	Hohlkugel	"	Druckmessung und Massenspektrometer	11	9

Tafel 7: Zum Gebrauch der Beziehung k = L . D

Quarzgläser								
Literaturstelle		59	58	64	51	56	55	54
Gemessen	k	x	x		x	x	x	x
	L						x	
	D	x		x	x	x		
Berechnet	k							
	L	x			x	x		
	D						x	

Duran; Pyrex						
Literaturstelle		57	47,61	46	60	54
Gemessen	k	x		x		x
	L		x	x	x	
	D	x	x	x		
Berechnet	k					
	L	x				
	D					

Tafel 8: Aus den Bildern 8 und 9 abgelesene Permeabilitätskonstanten k in $(cm^3 \, He) \cdot (cm \cdot s \cdot Torr)^{-1}$

^{o}C	Quarzglas	Pyrex; bzw. Duran	$\dfrac{k_{Quarzglas}}{k_{Pyrex}}$
25	$7 \cdot 10^{-13}$	$7 \cdot 10^{-14}$	10
100	$4 \cdot 10^{-12}$	$6 \cdot 10^{-13}$	6,7
300	$4 \cdot 10^{-11}$	$1,1 \cdot 10^{-11}$	3,6

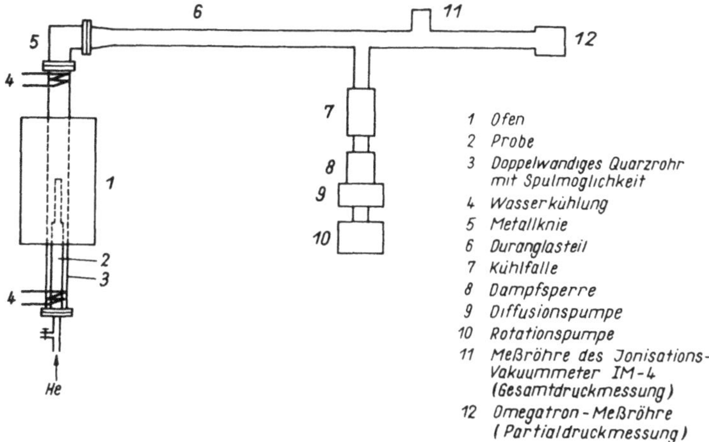

Bild 1: Schematischer Versuchsaufbau
        (Widerstandsofen)

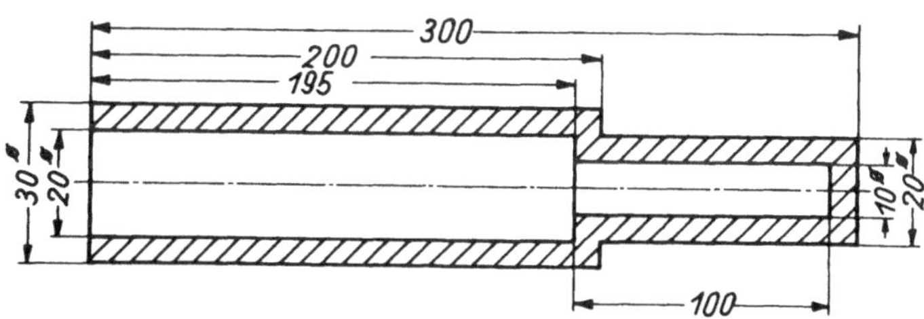

Bild 2: Probenabmessungen

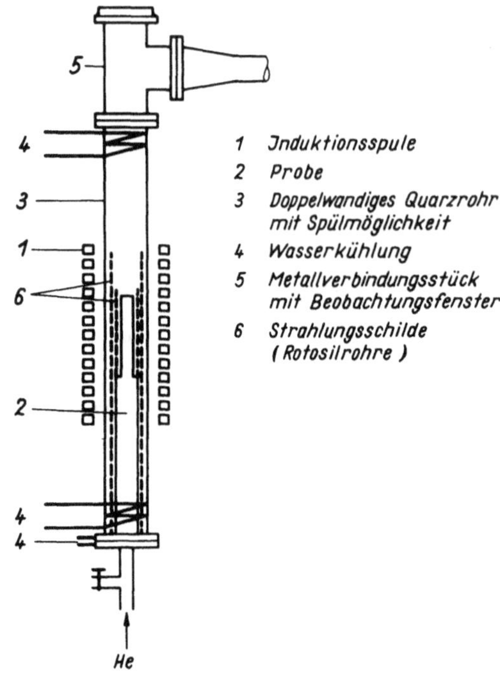

Bild 3: Induktive Probenbeheizung
        (schematisch)

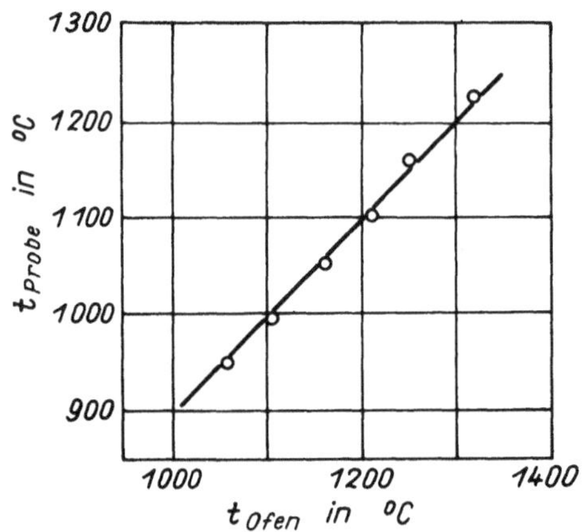

Bild 4: Zusammenhang zwischen Proben-
        und Ofentemperatur bei der Auf-
        heizung der Proben im Widerstands-
        ofen

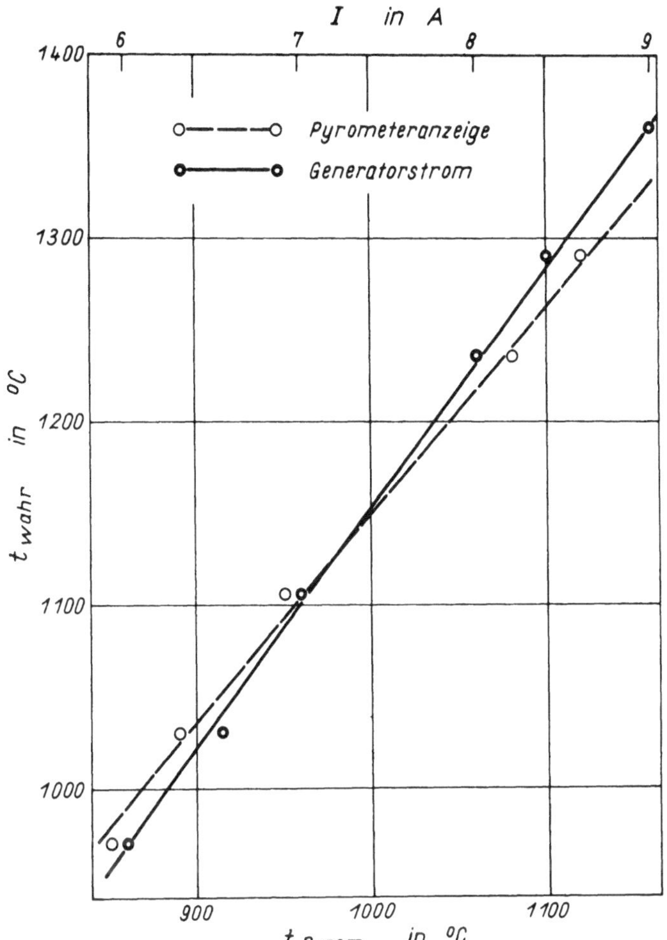

Bild 5: Zusammenhang zwischen Probentemperatur und Pyrometeranzeige
sowie Generatorstrom bei der
induktiven Aufheizung der Probe

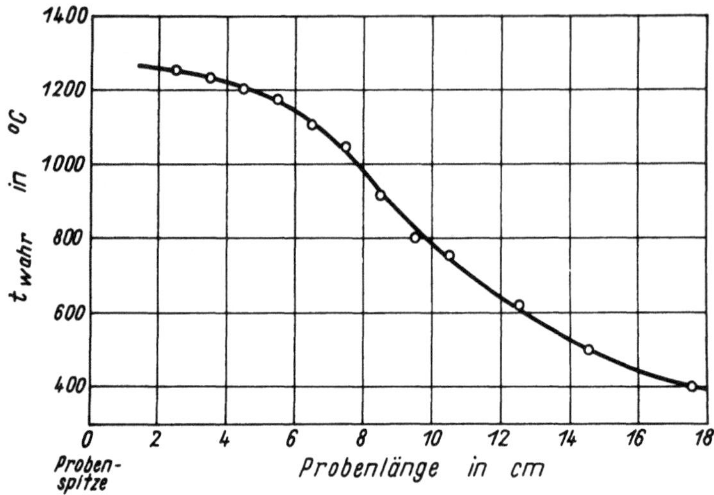

Bild 6: Temperaturverteilung in der Längs-
achse der Probe

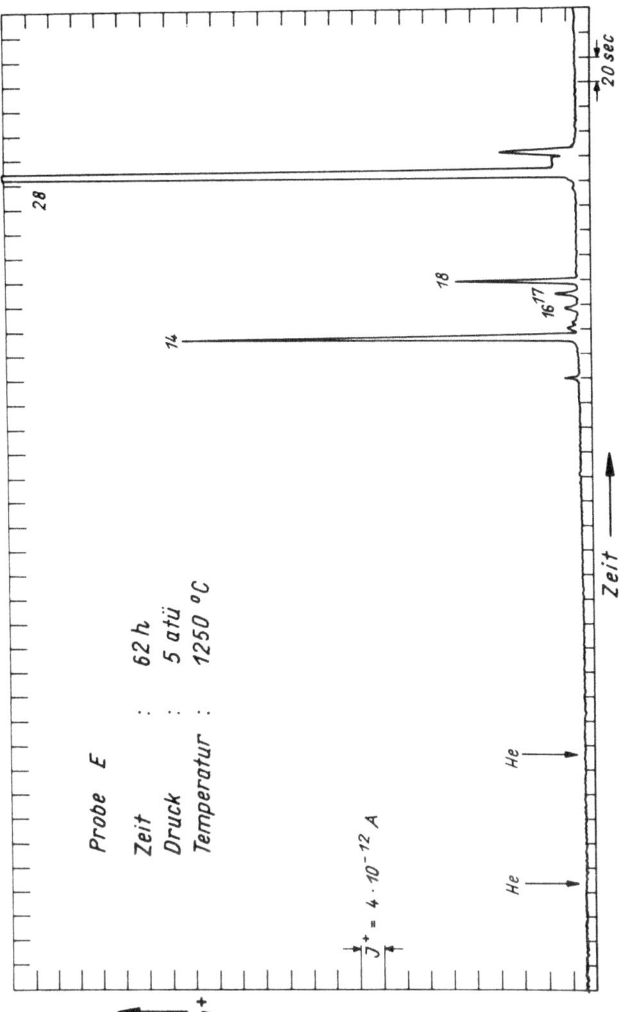

Bild 7: Massenspektrum (nach Originalschreibstreifen)

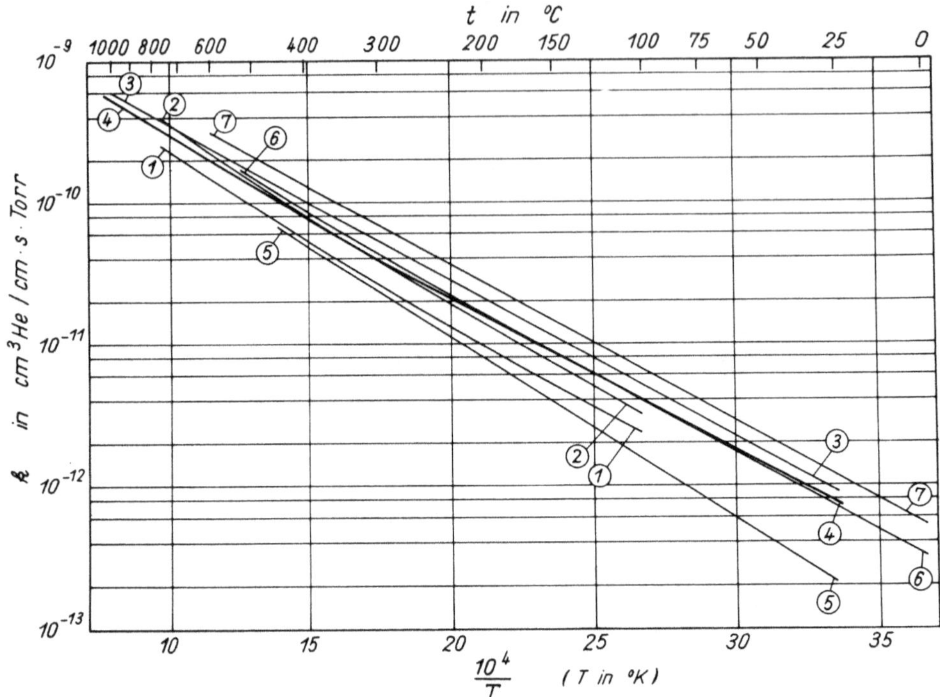

Bild 8: Die Temperaturabhängigkeit der Permeationskonstanten k (in cm³ He/cm s Torr) für Helium in Quarzgläsern; siehe auch Tafel 6

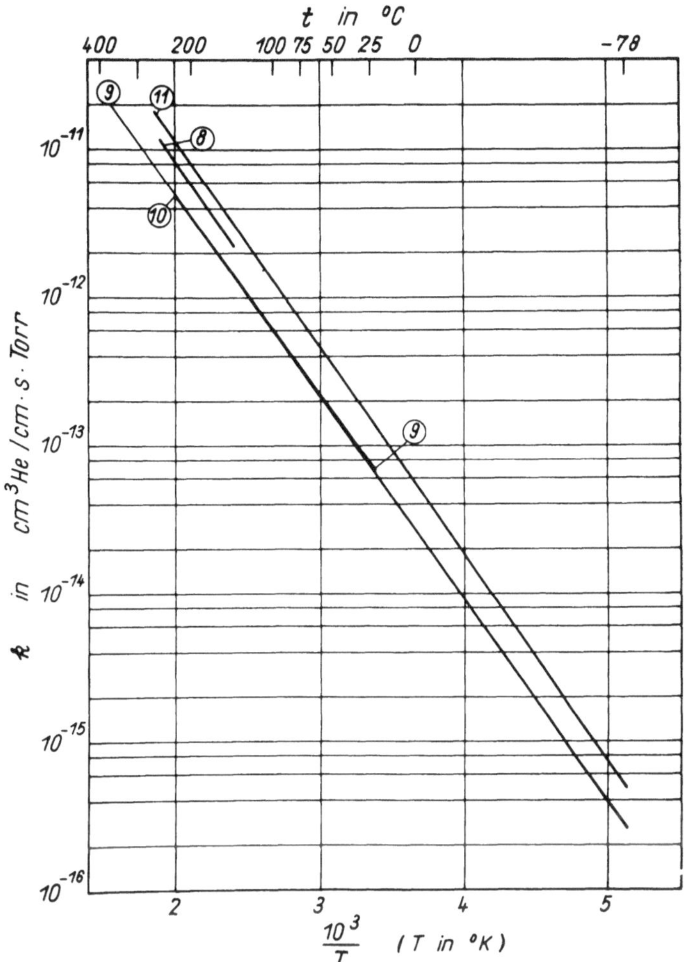

Bild 9: Temperaturabhängigkeit der Permeationskonstanten
k (in cm^3 He/cm s Torr) für Helium in Duran (Kurve 9)
und Pyrex; siehe auch Tafel 6

Forschungsberichte des Landes Nordrhein-Westfalen

Herausgegeben im Auftrage des Ministerpräsidenten Heinz Kühn
vom Minister für Wissenschaft und Forschung Johannes Rau

Sachgruppenverzeichnis

Gaswirtschaft

Gas economy
Gaz
Gas
Газовое хозяйство

Holzbearbeitung

Wood working
Travail du bois
Trabajo de la madera
Деревообработка

Hüttenwesen · Werkstoffkunde

Metallurgy · Materials research
Métallurgie · Matériaux
Metalurgia · Materiales
Металлургия и материаловедение

Kunststoffe

Plastics
Plastiques
Plásticos
Пластмассы

Luftfahrt · Flugwissenschaft

Aeronautics · Aviation
Aéronautique · Aviation
Aeronáutica · Aviación
Авиация

Luftreinhaltung

Air-cleaning
Purification de l'air
Purificación del aire
Очищение воздуха

Maschinenbau

Machinery
Construction mécanique
Construcción de máquinas
Машиностроительство

Mathematik

Mathematics
Mathématiques
Matemáticas
Математика

Medizin · Pharmakologie

Medicine · Pharmacology
Médecine · Pharmacologie
Medicina · Farmacología
Медицина и фармакология

NE-Metalle

Non-ferrous metal
Metal non ferreux
Metal no ferroso
Цветные металлы

Physik

Physics
Physique
Física
Физика

Rationalisierung

Rationalizing
Rationalisation
Racionalización
Рационализация

Schall · Ultraschall

Sound · Ultrasonics
Son · Ultra-son
Sonido · Ultrasónico
Звук и ультразвук

Schiffahrt

Navigation
Navigation
Navegación
Судоходство

Textilforschung

Textile research
Textiles
Textil
Вопросы текстильной промышленности

Turbinen

Turbines
Turbines
Turbinas
Турбины

Verkehr

Traffic
Trafic
Tráfico
Транспорт

Wirtschaftswissenschaften

Political economy
Economie politique
Ciencias económicas
Экономические науки

Einzelverzeichnis der Sachgruppen bitte anfordern

Westdeutscher Verlag · Opladen

567 Opladen/Rhld., Ophovener Straße 1–3, Postfach 1620

GPSR Compliance
The European Union's (EU) General Product Safety Regulation (GPSR) is a set
of rules that requires consumer products to be safe and our obligations to
ensure this.

If you have any concerns about our products, you can contact us on

ProductSafety@springernature.com

In case Publisher is established outside the EU, the EU authorized
representative is:

Springer Nature Customer Service Center GmbH
Europaplatz 3
69115 Heidelberg, Germany